山地与高原

撰文/吴青燕　　审订/王鑫

中国盲文出版社

怎样使用《新视野学习百科》？

神奇的思考帽

> 请带着好奇、快乐的心情，展开一趟丰富、有趣的学习旅程！

1 开始正式进入本书之前，请先戴上神奇的思考帽，从书名想一想，这本书可能会说些什么呢？

2 神奇的思考帽一共有6顶，每次戴上一顶，并根据帽子下的指示来动动脑。

3 接下来，进入目录，浏览一下，看看这本书的结构是什么，可以帮助你建立整体的概念。

4 现在，开始正式进行这本书的探索啰！本书共14个单元，循序渐进，系统地说明本书主要知识。

5 英语关键词：选取在日常生活中实用的相关英语单词，让你随时可以秀一下，也可以帮助上网找资料。

6 新视野学习单：各式各样的题目设计，帮助加深学习效果。

7 我想知道……：这本书也可以倒过来读呢！你可以从最后这个单元的各种问题，来学习本书的各种知识，让阅读和学习更有变化！

客观地想一想

用直觉想一想

想一想优点

想一想缺点

想得越有创意越好

综合起来想一想

? 你知道哪些山地或高原？

? 你觉得哪座山最有特色？

? 山地拥有哪些资源？

? 在山地可能会发生什么危险？

? 如果世界是平的、没有高地，这世界会有何不同？

? 山地、高原和人类有什么关联？

目录 ◱

■神奇的思考帽

CONTENTS

■专栏

山地和高原的地理特色

山地和高原都属于高地，在地形学上的定义为高出海平面500米以上的地区。地球表面有29%是陆地，而海拔1,000米以上的高地就占了陆地面积的28%，约等于亚洲的面积。

大地的骨架和舞台

"山"是陆地上最显著的地形，比周围地面高出许多，一般是指最高点超过海拔500米、相对高度差超过200米，起伏很大的地面。山很少独立存在，大多相连或群聚，绵延成长条状的称为"山脉"，因此山、山脉两词经常混用；山脉通常有整体共同的构造、形态和地质史，是大地的骨架。山脉相连则形成山系，如阿尔卑斯山系。

爱尔兰的本布尔宾山，在冰川期被侵蚀成如今的方山外形。诗人叶芝的墓志铭便来自其诗作《在本布尔宾山下》。（图片提供/维基百科，摄影/Jon Sullivan）

世界主要山系有两大系统：环太平洋山系和阿尔卑斯—喜马拉雅山系。

"高原"的地势也高，海拔高度常超过1,000米，但顶部的面积广大，地形开阔，边缘有明显的陡坡，像是大地的舞台。高原的形态可分为三类：1.顶部十分平坦完整，例如蒙古高原。2.与高山交错，地面起伏较大，例如拥有多座高峰的青藏高原。3.被河流或冰川切割，地面起伏很大的切割高原，例如以纵谷闻名的云贵高原。后两者虽然有明显的高低落差，但仍有相当宽广的顶部。另外有些学者将地壳变动造成的大规模台地也列为高原，例如南美的巴塔哥尼亚高原。"台地"是指海拔高度介于高原和平原之间的平坦地。

常见的地形：山地、高原、丘陵、台地、盆地、平原，主要是以高度、相对高度差异和平坦度来区分。（绘图/吴仪宽）

山地

高原　山地和高原地势较高，但后者顶部较平坦。

台地
类似高原，但高度较低。

丘陵
类似山地，但高度较低。

冲积扇

盆地
高度相对周围较低的地区。

平原
高度低且平坦。

山地和高原的变化

看似巨大不移的山，在漫长的地质史中，高度或坡度都会发生改变。山的生命周期是从初生期、成长期、壮年期、衰老期到死亡期。一般的山在前期时因地面的海拔高度变高，因此侵蚀作用使坡面不断后退，刻画出深谷、陡坡；在壮年期晚期，尖耸的顶部被侵蚀或风化作用夷平而变得圆缓，坡度也不再陡峭，地面起伏变小，最后成为准平原。不过美国地理学者戴维斯提出的侵蚀循环说认为，准平原若被抬升，会再经历前述过程，称为回春作用。

安第斯山脉是科迪勒拉山系在南美洲的主干，也是环太平洋火山带的一部分。（图片提供/维基百科，摄影/Roman Bonnefoy）

怎样看等高线图

等高线是将地面上相同海拔高度的点，连接成为一条封闭的圆滑曲线，可以用来认识地形。那么，我们怎样看等高线呢？只要掌握下列的等高线特性：1.同一条等高线上的各点，其海拔高度一定相同。2.等高线必定是闭合的曲线。3.除了悬崖或峭壁，等高线绝不相交。4.等高线的间距越密，表示坡度越陡；间距越宽，表示坡度越缓。5.谷地的等高线呈V字形，尖端指向高处，即河川发源之山地；山脊的等高线也是V字形，但尖端指向低处河谷。

美国佛蒙特州局部地区的地形图。等高线以20米为间距，100米的等高线则加粗。右上斜至左下的区带是河流，坡度较平缓，绿色区域的山地坡度较陡，等高线也比较密。（图片提供/USGS）

高原会受到河川、风化、冰川、火山、造山等作用影响而有不同变化，因此纯粹的高原很少见，大部分都与山、谷、盆地交错。东非高原因断层作用形成南北纵贯的地堑裂谷，除了陷落的低洼盆地，表面又因河流作用形成峡谷、瀑布等景观；由于边坡陡峭，加上火山熔岩覆盖，更增加高原地形的复杂度。水平岩层构成的高原，常在长期侵蚀下变成平顶山，然后边缘岩层崩解，高原平顶逐渐缩小，分成多个方山或岩峰，而周围则是平坦低地，例如澳大利亚西部高原。

山的形成1：内营力

（非洲最高峰乞力马扎罗山，是孤立的火山。图片提供/维基百科，摄影/Paul Shaffner）

在地球各大陆地块中，都有个核心大陆，称为地盾。地盾相当安定，但是它的边缘却是造山运动活跃的地带。造山运动中的褶皱作用和火山作用都是山形成的主因，来自地球内部的力量，属"内营力"。

造山运动

造山运动是指形成山脉的地质运动，是地壳受到强烈推挤所引起。地质学上先后有两个理论解释造山运动：地槽学说和板块构造学说。地槽是地表的凹陷部分，经三阶段发育成山脉：1.沉积，地槽内部堆积巨厚的沉积物；2.造山，沉积物因地壳变动，受到推挤、褶皱；3.上升，受挤压的沉积物隆起形成山脉。

阿尔卑斯山脉是大陆板块聚合形成的褶皱山脉，经过法国、意大利、奥地利、瑞士等国。图为德国的阿尔卑斯山。（图片提供/GFDL，摄影/Luidger）

板块构造学说则认为山脉形成于地壳板块的聚合边界。若是大陆板块与海洋板块聚合，前者较轻，后者会隐没至大陆板块底下，推挤时发生造山运动，大陆板块边缘的沉积物经褶皱与抬升形成山脉，例如南美洲的安第斯

加拿大西部是褶皱隆起的高地，有许多山脉和山间高原，如落基山脉、育空高原、不列颠哥伦比亚高原等。（图片提供/达志影像）

山脉。如果是大陆板块聚合，重叠后较轻的板块会上升，推挤后形成山脉，如亚洲的喜马拉雅山脉与欧洲的阿尔卑斯山脉。

火山作用

地球在固态的地壳和上部地幔（合称岩石圈）以下，是近岩石熔点的软流圈，地幔内部会产生热对流，带动板块移动而

纳斯卡板块（海洋板块）俯冲到南美板块（陆地板块）下，挤压形成安第斯山脉。（绘图/穆雅卿）

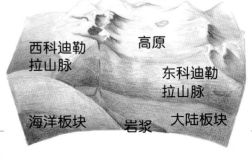

安第斯山脉

西科迪勒拉山脉　　　高原

东科迪勒拉山脉

海洋板块　　岩浆　　大陆板块

造成岩块断裂，并使岩浆沿裂隙穿过地壳喷发至地表，这就是火山作用。火山作用让地球内部的压力和热得以释放，喷出的岩浆称为熔岩，喷出的固体称为火山碎屑，两者形成火山。大多数火山在板块边缘，但也会在板块内部的热点上方形成。海中的火山常成串出现，而陆地上的常是孤立山峰，如日本富士山。

火山依活动状况分为三种：1.仍在活动的称活火山，例如西西里岛的埃特纳火山。2.尚无火山活动记录的为死火山，如东非的恩戈罗恩戈罗火山口。3.有喷发记录但目前没有活动的称休眠火山，但有时会出现温泉、硫气孔等现象，称为"后火山活动"。

意大利的埃特纳火山是活火山，也是欧洲最高的活火山，2014年，当地时间6月15日埃特纳火山再次喷发。（图片提供/GFDL，摄影/Nikater）

世界屋脊

亚洲地形的特色为中间高、四周低，位于中心的帕米尔高原汇聚许多重要山脉，包括喜马拉雅山、喀喇昆仑山、昆仑山、天山山脉、兴都库什山脉等，自四面八方在帕米尔高原集结，山系或山脉群聚处称为"山结"或"山汇"，因此也称帕米尔山汇。由于海拔高达4,000米以上且山脉群聚，帕米尔高原与青藏高原共享"世界屋脊"的称号，"帕米尔"就是塔吉克语中世界屋脊的意思。

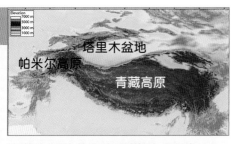

青藏高原的数字高程模型（DEM），可以看出青藏高原整体惊人的高度。（图片提供/GFDL，制图/Jide）

邻近帕米尔高原的青藏高原是世界上最高的高原，平均海拔高度超过4,000米，又因地势高、气候寒冷，也称为"第三极"。青藏高原是印澳板块碰撞欧亚板块后挤压出来的，组成的山脉多呈西北—东南走向，与碰撞方向垂直。南缘的喜马拉雅山脉是世界上海拔最高的山脉，主峰珠穆朗玛峰高达8,844米，又称圣母峰、埃弗勒斯峰。青藏高原是亚洲许多大河的发源地，包括长江、黄河、澜沧江、雅鲁藏布江、恒河等，其他还有众多冰川保存了许多淡水；当地湖泊也多，其中青海湖是中国最大的咸水湖，西藏自治区的纳木措湖海拔4,650米，为世界最高的咸水湖。高而广的青藏高原也影响到气候，它替南亚阻挡亚洲北部内陆的寒冷空气，也阻止南方温暖潮湿的空气北移，是造成南亚雨季的重要因素之一。

山的形成2：外营力

（美国加州公路旁的山崩，图片提供/维基百科，摄影/Eeekster）

青藏高原历经5次板块运动，第5次时形成喜马拉雅山。依地壳抬升速度，珠穆朗玛峰的海拔高度应有2万米！但它目前却只有8,844米，这是因为各种"外营力"的侵蚀作用速度超过内营力的造山作用。外营力包括河流作用、冰川作用、风化作用和块体运动等。

河流作用

河流是形塑山貌最常见而明显的力量。河流在高山的发源地，坡度陡峭、河道狭窄，河流的侵蚀作用旺盛，而形成深谷、瀑布等地形。当河

美国大峡谷是科罗拉多河刻画科罗拉多高原的痕迹。高原容易受侵蚀作用影响，气候干燥的地区较容易保留高原地形。（图片提供/GFDL，摄影/Frank Frager）

流由陡峻的山谷进入平原时，因坡度降低、河道面积扩大，流速减缓，让沙砾累积在山麓地带形成扇状堆积，称为"冲积扇"。

差别风化

看起来坚硬的岩石，其实硬度还是有差异，在相同的风化作用下，因侵蚀速度不一，造成特殊的地形景观，称为差别风化，例如烙铁峰、单面山、恶地等。原本软硬岩交叠的水平岩层，在地壳变动

挪威一处因差别侵蚀造成的奇险景色。（图片提供/达志影像）

后变成倾斜或直立，经过长期风化侵蚀的作用，只有抗风化能力较佳的硬岩留下来，如果突出成峰、外形如烙铁，称为"烙铁峰"。单面山也是倾斜的软硬岩交叠岩层，由于抗风化侵蚀的能力不一，形成一边陡坡、一边缓坡的地貌。恶地通常分布在较干燥的地区，因暴雨后的冲刷，使丘陵或台地成为有深沟、孤峰和桌山的崎岖地形。蕈状岩与风化窗等也是差别风化造成的地景。

西班牙巴斯克地区的侵蚀地形，较软的岩石先被风化殆尽，留下一个空洞。（图片提供／维基百科，摄影／Txo）

风化作用

地表的岩石、土壤和矿物与外界接触，受空气、水、生物等因素影响，使岩石在原地崩解或分解的过程，称风化作用，又分成物理风化与化学风化，常同时进行。前者又称"崩解作用"，是指岩石物理结构的改变，由大块变小块，而化学成分不变；在干燥地区和寒带地区物理风化较为盛行。化学风化又称分解作用，为岩石的化学成分发生变化；高温多雨的气候有利于化学风化的进行。这两种风化作用加上岩性的个别差异，塑造出各种小地形，也使山头外貌各有特色。

块体运动

岩层或地表风化物质沿坡向下移动的现象称为块体运动，或"崩坏作用"，发生主因是重力作用，水分则会触发和加速。山坡坡面特性、降雨多寡与人类活动的干扰，都有影响。

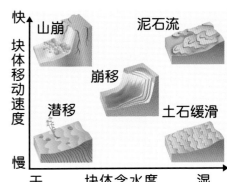

不同含水量与移动速度的块体运动。崩移是指地表土壤沿一个曲面滑动或转动，速度不快。（绘图／施佳芬）

块体运动发生的形式有坠落、滑动和流动，依移动物质、速度与含水量多寡等因素，可分成潜移、土石缓滑、泥石流与山崩等。潜移为土壤岩屑因重力而顺坡往下移动，速率缓慢不易察觉，山坡上倾斜的树干或墓碑表示发生潜移。高纬度或高山冰原地区发生的潜移则称为土石缓滑，是因永冻层阻碍水分向下排出，使土壤饱含水分，受到重力作用向下移动。泥石流泛指土、石与水混合后，产生集体运动的流体，若混合物中粒径小于2毫米的物质超过一半，称为泥流，反之则泛称泥石流，豪雨是诱发的主因，植被稀少、大量风化物质、陡峭的坡地较易发生。土石快速落下称为山崩。

瑞士马特塔尔谷西面坡地上的大规模崩塌地，高约1,000米，是20世纪90年代因山崩造成的，附近的聚落是兰达村，右上方可以看到山岳冰川的末端。（图片提供／维基百科，摄影／Woudloper）

山的种类

（意大利阿尔卑斯山区的断层，图片提供/维基百科，摄影/Jide）

山依形成的方式可分成：褶皱山、断块山、火山。褶皱山是板块相互推挤使沉积岩层变形隆起而成。断块山分布十分广泛，是地壳的断层上升形成。火山是岩浆从地壳深处沿薄弱地带喷出地表形成。

喜马拉雅山脉是崎岖的年轻褶皱山脉，下方较平缓的地区是山脉北边的青藏高原。（图片提供/NASA）

珠穆朗玛峰

褶皱山

褶皱是岩层受挤压后，倾斜或变形成波浪状弯曲的现象，也称褶曲，是山地常见的构造。褶皱是无法复原的永久变形，连续分布的褶皱称为褶皱带。

褶皱山可依地质年龄分成两类。新褶皱山约在250万年前（新生代中期）形成，经历侵蚀、风化作用的时间短，山势较高而崎岖，位于地壳不稳定地带，如阿尔卑斯山、喜马拉雅山等。三四亿年前（古生代末期）形成的古褶皱山，经历较长时间的外营力作用，地层也较稳定，地势较低及平坦，如北美洲的阿巴拉契亚山脉。

断块山

断块山和断层作用有密切关系，是具有断层的陆块整体抬升所形成。断层是岩层受挤压后出现的破裂，断裂面称为断层面，隆起的地块称地垒，相对下陷的称地堑。断块山的山麓地带常有台阶地形，表示每次抬升之间有一段稳定时期，足以让侵蚀发挥作用，最高的台阶记录了早期抬升的历史，但这些山麓阶梯面与侵蚀面常因断层作用发生变形，随着断层活动方向、幅度、时间、

山脉依形成的方式，可分成三种。（绘图/吴仪宽）

褶皱山
地层被挤压，弯曲并隆起。

火山
火山活动形成。

活火山　熔岩和火山碎屑的堆积

岩浆

地垒

断层面

地堑（裂谷）

断层

断块山
边缘常见正断层，多次的断层活动造成台阶地形。

次数等不同，影响阶地变形的性质与程度也不同。中国的天山山脉是由东西向的断块山组成，山间有陷落盆地；美国西南部的盆地山脉区，在南北向的山脉间有大盆地、死亡谷等盆地。

死亡谷与周围山地的地图，红线区是死亡谷国家公园，可看出盆地山脉区山地与盆地相间的地势。（图片提供/维基百科，制图/Daniel Mayer）

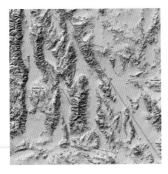

火山

　　火山活动会形成许多特殊地形，如火口湖、熔岩台地、熔岩高原等，以及火山。火山可依堆积物质分为三种：1.喷发较和缓、以熔岩为主的盾状火山，坡度平缓而底部宽广，夏威夷便是露出海面的海底火山。2.喷发时活动剧烈、熔岩和火山碎屑组成的复式火山，例如意大利的维苏威火山，公元79年爆发时将整座庞贝城覆盖。3.主要由火山碎屑堆积成的火山渣锥，例如北美洲最年轻的火山帕里库廷火山，1943年从一处玉米田喷发，第1年升高了400多米，火山灰与熔岩也掩埋了附近两个村庄。

世界最大的火山体：夏威夷岛的启劳亚火山，顶部已坍塌成破火山口，面积超过10平方千米。图为破火山口内的哈雷茂茂火山口，最宽处约1,000米。（图片提供/GFDL，摄影/Mila Zinkova）

死亡谷国家公园

　　死亡谷国家公园位于北美盆地山脉区的东南部，盆地山脉区是典型的断块山脉，地壳活动频繁且历史悠久，大致由南北走向的地垒（山脉）和地堑（盆地）组成。境内的惠特尼山高达海拔4,418米，是美国的最高点；而死亡谷则是下沉的地堑，经多次地壳活动，已经比海平面还低。死亡谷造就奇异的景观与炎热干燥的气候，曾创下57℃的西半球最高温纪录，目前仍继续沉降，北美最低点就在死亡谷的恶水盆地。这里的最大特色是同时汇集积雪的高山、沙丘、盐碱地、峡谷、火山等多种地形，是地质宝库。

位于死亡谷的美国最低点，低于海平面86米，也是西半球最低的地方。（图片提供/维基百科，摄影/Roger469）

山脉的地形景观

（加拿大奥尤伊图克国家公园的芒特索尔山，图片提供/维基百科，摄影/Ansgar Walk）

摊开地图研究等高线，可知山的地面有着高低起伏的变化，陡坡、缓坡、山脊、山谷等，都是常见的地形景观。

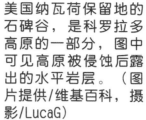

美国纳瓦荷保留地的石碑谷，是科罗拉多高原的一部分，图中可见高原被侵蚀后露出的水平岩层。（图片提供/维基百科，摄影/LucaG）

山坡的种类

山坡通常起伏不定，一般将坡地的垂直高度除以水平距离，算出坡地的"平均坡度"，以便观测与记录。以坡度来分类，坡度30°以下为缓坡，起伏平缓且高度变化小，等高线的排列较疏；缓坡常

被辟成梯田种植农作物。坡度55°以上为陡坡，起伏急剧、等高线排列较密。坡大部分不平直而有弧度，"凹坡"为顶部坡度较陡、山脚坡度较缓的坡地，"凸坡"的坡度变化则和凹坡相反。

至于垂直或几近垂直的陡坡，就是所谓的悬崖，通常是暴露岩石，其等高线数条重叠。世上最长的完全垂直悬崖在加拿大巴芬岛的芒特索尔山，长1,250米；而最长的悬崖则是位于巴基斯坦的川哥岩塔群，达1,340米。

美国优胜美地国家公园以冰川地形著称，也有巨大火山穹丘。图为哈夫穹丘，可能是被冰川作用蚀去基部后，因冰裂作用碎去一部分，成为现在一侧圆形峭壁、一侧直立悬崖的模样，宽近1,000米，海拔1,444米。（图片提供/GFDL，摄影/Mila Zinkova）

中国长江三峡包括长江上游的瞿塘峡、巫峡和西陵峡。图为巫峡。（图片提供/达志影像）

右：美国朱利安普莱思纪念公园附近的蓝岭公园道，稍远处是祖父山。（图片提供/维基百科，摄影/Ken Thomas）

山脊与山谷

　　绵延的山脉往往有起伏，即凸出的山脊和下凹的山谷。山脊为连续山峰，因形似动物的脊骨而得名。山脊常为天然分界线，分隔山脊两边的地方，甚至区隔两个水系，称为分水岭。山脊地势不一定都崎岖难行，也有较为平坦可以开发连接山峰的登山道路，如美国蓝岭公园道就有沿着山脊开辟的路段。山谷为高地之间的低地，通常为长条形，因为地势较低，常聚集水而成为河流或湖泊。山谷大致可分成三类：1.溪谷，中间有溪流经过。2.河谷，与溪谷类似，但范围较大。3.峡谷，两旁有峭壁，是河流侵蚀、切割高地形成，例如美国大峡谷、中国长江三峡。

动手画等高线图

　　等高线可以表现地形的高低起伏，试试看用蔬果来画一张等高线图。

材料：实心蔬果（地瓜、苹果等）、透明器皿、水、透明袋、签字笔、胶带、白纸、描图纸、尺、刀、水壶。　（制作/庄燕姿）

1. 将白纸裁成1厘米宽长条，等距贴在透明器皿外。蔬果切开，放入器皿。
2. 透明袋割开，用胶带固定在器皿上，留开口倒水用。

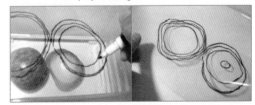

3. 每倒进1厘米高度的水，在透明袋上描出淹水的轮廓线，重复至蔬果被淹没为止。
4. 取下透明袋，盖上描图纸再描一次，就完成等高线图了。

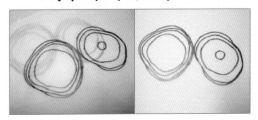

火山

(北爱尔兰安特令玄武岩高原的巨人堤道一角，图片提供/维基百科，摄影/edvvc)

火山的英文volcano源自拉丁文的Vulcanus，意指火神，罗马神话的火神便是Vulcan。全世界的活火山约800多个，主要分布在环太平洋带和地中海带，前者占61.8％，为世界最长火山带，称为火环，地震也相当频繁。

美国圣海伦火山目前已经没有爆发活动，但火山口内仍在形成火山穹丘。（图片提供/USGS）

火山喷发与地形景观

规模最大的火山活动是火山喷发，也就是指气体、碎屑或岩浆自地下经通道喷出地表的过程。通道喷发口称为火山口，若积水便形成火口湖，例如中国长白山的天池。火山喷发的方式受岩浆性质的影响，可分为宁静式和爆裂式喷发。宁静式喷发以熔岩为主，气体和火山灰比较少，熔岩流主要为玄武岩岩浆，黏度小、流动性大，会形成大面积的熔岩台地和盾状火山。爆裂式喷发的岩浆为流纹岩和安山岩，因流动性差且黏度高，容易累积气体再爆发，使得喷发猛烈并发出巨响，喷出大量蒸汽和火山碎屑，并伴有火山碎屑流和炽热火山

火山活动流程示意图。（绘图/陈志伟）

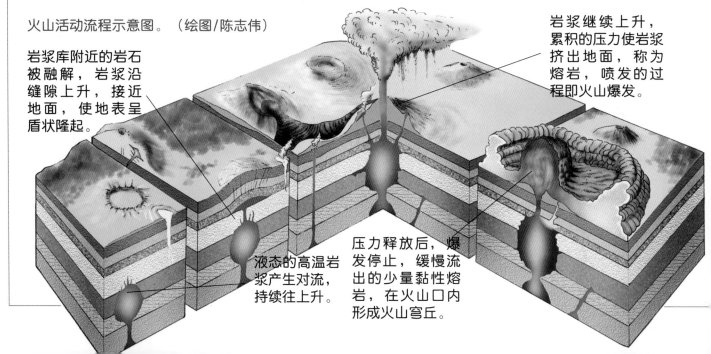

岩浆库附近的岩石被融解，岩浆沿缝隙上升，接近地面，使地表呈盾状隆起。

液态的高温岩浆产生对流，持续往上升。

压力释放后，爆发停止，缓慢流出的少量黏性熔岩，在火山口内形成火山穹丘。

岩浆继续上升，累积的压力使岩浆挤出地面，称为熔岩，喷发的过程即火山爆发。

云，之后形成火山锥。另有一种称为火山穹丘的圆顶突起，常见于火山口内或侧翼，是由于熔岩黏度高无法远流，而在火山口及附近冷却凝固形成，有时底下有岩浆灌入而继续成长。

埃塞俄比亚丹纳基尔沙漠内的尔塔阿雷火山，有目前持续最久的熔岩湖，整个盾状火山约50千米宽。（图片提供/维基百科，摄影/filippo_jean）

后火山活动与地形景观

火山活动终止之后，地底下仍然有岩浆和残留的热能，其热度使地下水变热流出地表后就是温泉，因此火山附近常有温泉或间歇泉。这种热源称为地热，因为是地球本身的热能，不需要耗费资源也不会产生污染物，是一种再生能源，新西兰、冰岛等诸多国家都建设地热发电设施。地热也会加热地底下残留的气体，使地底下累积蒸汽压力，而在火山口或断层附近造成爆裂口，如喷气孔、硫气孔等，这些现象与温泉都属于后火山活动。

新西兰北岛的罗托鲁阿以温泉和地热闻名，附近是火山高原。

泥火山

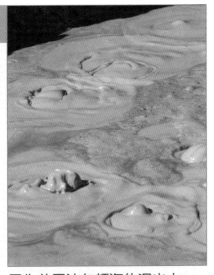

泥火山虽然有火山之名，但不一定与火山活动有关，"火山"是形容其活动类似火山喷发，但喷出的不是炙热的岩浆而是泥浆。这是因为地表下的天然气或火山气体沿着地下裂隙上涌，沿途混合泥沙和地下水，形成泥浆涌出地表。泥火山依其泥浆含水量的多寡，有锥状、盾状、盆状等各种形状。锥形泥火山像极了真正火山，例如台湾高雄县乌山顶的两座锥形喷泥丘，涌出泥浆泡泡，被称为"美得冒泡"，但因周围堆积涌出的泥流，也以恶地地形闻名。泥火山若伴随天然气，遇火便会燃烧，成为泥火山重要奇景。

图为美国沙尔顿海的泥火山，沙尔顿海是位于科罗拉多沙漠的咸水湖。（图片提供/维基百科，摄影/Maggie jumps）

单元 7

山岳冰川

（冰川擦痕与当时冰川行进的方向同向，图片提供/GFDL，摄影/Kr-val）

在高纬度地区和高山雪线以上，如果冬季的降雪没有完全在夏季融化，剩余的雪便会结冻成冰，当冰累积到足够的厚度，因重力开始缓慢滑动，称为冰川。

 ## 冰川的种类

现代冰川面积约占全球陆地的1/10，可分成大陆型、山岳型和山麓型。大陆冰川规模最大，通常位于大陆内部，冰川非常厚，覆盖住山脉或高原顶部地表的大部分，称为冰原，例如加拿大的哥伦比亚冰

阿根廷冰川国家公园的冰川，自安第斯山往下流入阿根廷湖区，后者是冰川湖，也是圣克鲁兹河上游的水源。（图片提供/维基百科，摄影/LucaG）

加拿大艾士米尔岛的昆汀尼尔帕克国家公园，靠近北冰洋而有大片冰原，图为U形谷。（图片提供/维基百科，摄影/Ansgar Walk）

原；规模较小者称为冰帽。两极地区和格陵兰的冰原因覆盖面积相当大，又称大陆冰盖。

山岳冰川又称山谷冰川，是顺山谷向下流的冰川，通常呈舌状，高山山脉如阿尔卑斯山、落基山、喜马拉雅山等都有分布。局限于冰川最上游的小规模山岳冰川，则称为冰斗冰川。山岳冰川下降到山麓平坦处，和其他山岳冰川汇合成山麓冰川，继续往下方移动。

 ## 高山的冰蚀地形

冰川的移动缓慢，一年不过数厘米，但和河流一样有侵蚀、搬运和堆积作用。冰蚀包括拔蚀、磨蚀、冰楔作用。冰川底部的岩石因水结冰、冰融水的冻融作用而松动，并和冰川冻结在一起，冰川移动时就把岩块拔起带走，

相邻冰斗间的山壁，因被侵蚀而形成刃岭。图为瑞士芬斯特拉峰附近的刃岭。（图片提供/GFDL，摄影/Telnet）

称为拔蚀，造成冰川河谷的坡度曲线崎岖不平。磨蚀是冰川内的岩石削磨和刻蚀冰川底岩，并在冰川底部和两侧岩壁形成擦痕或细沟，与冰川的移动同向。岩石裂缝所含的冰融水，因反复冻融造成体积变化，使岩石破裂称为冰楔作用。

冰川的侵蚀作用在高山上形成许多壮丽的景色。在山岳冰川顶端的发源地，累积的冰雪侵蚀出半圆形的洼地，称为冰斗，通常三面是陡峭岩壁，向下坡有一开口；冰川消退后若有积水，称为冰斗湖。当冰斗因为侵蚀作用而扩大，冰斗壁后退，最后相邻冰斗间的山

瑞士瓦莱斯州的冰川上，工作人员正铺上隔热层以保护冰川不因夏季高温融化。全球变暖已导致冰川和冰原面积缩小，对水源、农业、生态等都有重大影响。（图片提供/欧新社）

冰缘的图案地

当气温在冰点0℃上下波动，冰雪会反复地结冻与融化，称为冻融作用。冰缘是会重复出现冻融作用的地区，大致在大块冰体如冰原或山岳冰川的外缘。在冻融循环的过程中，冰缘土壤所含水分结冰时，会使土壤膨胀，土中的小石块因此往上移动；气温回升时，石块下方的冰融化成水，渗透到地下，产生空隙，周围的小碎屑填充于空隙中，又将石块垫高。如此反复进行，石块便被挤出地面。大石块的面积大，地面结冰时受到冰体挤压的力量也大，会被挤到外圈，小石块则在内圈，同一圈的石块大小均一，越外侧越大块，这些石块呈几何状排列在地面，就是图案地。图案地的形状由坡度决定，若地面平缓，挤压力均匀，便呈六角形，称为石环；坡度增加，则受重力拉长成椭圆形，称石花彩；坡度更大，便被扯成长条状，则称为石条。

挪威的斯瓦巴岛上，永冻土表层形成标准且对称的图案地，外围石块体积比中心的大。（图片提供/维基百科，摄影/Hannes Grobe）

脊呈刀刃状，称为刃岭；而几个冰斗交汇削成塔状的山峰，称为角峰。山岳冰川体积庞大，流动时往下与两侧侵蚀，使原本的V形山谷成为U形，称U形谷或冰川槽，美国优胜美地国家公园的地形，就是以冰川侵蚀花岗岩而形成的U形谷为主。

高原的形成

（从青藏高原遥望珠穆朗玛峰，图片提供/维基百科，摄影/Peter Morgan）

1968年第19届奥林匹克运动会在海拔2,000多米高的墨西哥城举行，因为空气稀薄，肯尼亚、埃塞俄比亚等出身高原国家的选手较能适应并维持体能，在中长跑项目获胜。墨西哥位于墨西哥中央高原，四周有高山环绕，但本身地势却平坦。世界各地分布许多不同类型的高原，它们的成因和塑造过程都不同。

印度马哈拉施特拉邦的德干高原，因地处热带季风气候区，绿意盎然。
（图片提供/达志影像）

高原的成因

高原也是一种高地地形，成因与山脉相同，是地壳变动及板块运动的推挤，使地壳抬升、隆起成为高原，或因断层作用形成；火山爆发也会形成高原，如印度德干高原便是熔岩高原。在不同的环境下，高原拥有不同的面貌，美国的科罗拉多高原气候干燥、河流较少，得以保持大部分高原的完整和平坦，但仍被科罗拉多水系冲蚀出深邃的峡谷，包括著名的大峡谷；中国的云贵高原则因为气候湿润、河川发达，使石灰岩地质形成溶蚀地形，高原面被切割得相当破碎，地形复杂，地势变化很大。

青藏高原属于山间高原，虽然经济上以畜牧业为主，但在东部仍有些海拔高度较低、冬季较温暖的谷地，可以种植小麦。图为滇金丝猴的保护区。
（图片提供/达志影像）

南非开普敦附近地形的3D电脑绘图。最前方岬角是好望角，往内陆是包括桌山及山脉的高原地形。（图片提供/NASA）

右：中国云南省的虎跳峡及梯田。虎跳峡位于长江上游的金沙江，是云贵高原被河流侵蚀切割的深峡谷，最窄处仅仅30多米。（图片提供/维基百科，摄影/Peter Morgan）

高原的分类

高原可依分布位置分成3类："山间高原"四周有山脉环绕，如帕米尔高原，是天山、昆仑山、兴都库什山等中南亚山脉的交集点；"山麓高原"则介于山脉与平原或海洋之间，如南美洲的巴塔哥尼亚高原，西边是安第斯山脉，东边是大西洋；"大陆高原"是从低地或海边陡然升起的高原，例如南非高原。

若依组成构造与岩性分类，"水平岩层高原"是水平排列的沉积岩层隆起而成，如美国的科罗拉多高原、阿巴拉契亚高原；"熔岩高原"由火山爆发的熔岩堆积而成，如美国的哥伦比亚高原；"结晶岩高原"为古老结晶岩地层被侵蚀成准平原后，因地壳再度隆起的回春作用而形成，如巴西高原。

地盾：矿产丰富的高原地形

每个大陆都有地盾，是形成大陆的核心，例如澳大利亚地盾、美洲的加拿大地盾、欧洲的波罗的海地盾、亚洲的西伯利亚地盾、非洲地盾等。地盾是由最古老的前寒武纪地层构成，岩石年龄超过5.7亿年，经过长久的侵蚀作用，地势平缓，地质十分

图为卡拉加斯铁矿，位于巴西高原边缘，靠近亚马孙河流域。（图片提供/达志影像）

稳定。地盾的岩层是深成火成岩的结晶岩，坚硬且富含金属矿床，例如面积第二大的高原——巴西高原，矿产丰富，有铁、锰、铅、金以及金刚石等，其中的"铁矿四角地区"更为世界著名的优质大铁矿区，让巴西成为世界最大铁矿出产国之一。

高原的地形景观

（西伯利亚高原南部景观，图片提供/GFDL，摄影/Kobsev）

　　高原的地形景观会随着地质成因与构造差异有所不同，不同纬度的气候更丰富了高原景观的多样性。

低纬度的阿拉伯高原

　　位于北回归线与北纬30度间的阿拉伯高原，原为非洲古陆块的一部分，因为红海陷落而与非洲分离。阿拉伯高原是古老的陆块，经长久侵蚀，地势平坦而起伏小，干燥的气候也有助于高原地貌的维持，不至于因河流侵蚀而消失。由于受副热带高压笼罩，气候干燥，沙漠面积广大，包括鲁卜哈利沙漠、代赫纳沙漠、内夫得沙漠与叙利亚沙漠等，造成阿拉伯高原黄沙滚滚的景观。

也门高原位于阿拉伯半岛西南端，是阿拉伯高原被深谷切割的边缘。图中可看到山谷内的梯田。（图片提供/达志影像）

东非的埃塞俄比亚有广大的熔岩高原和台地，农业历史悠久，是农作物起源中心之一。（图片提供/维基百科，摄影/Giustino）

热带的东非高原

　　东非高原在赤道附近，海拔超过1,200米，是非洲地势最高、地形最复杂的地区。因板块剧烈的张裂运动，使中间的地块下陷，成为裂谷带，东非大裂谷是世界上最大的断裂带，延伸6,000多千米，长度约地球圆周的1/6，犹如地表的一道伤疤。板块运动加上火山活动，以及热带草原气候的干湿季影响，湿季的大量降雨侵蚀高原，干季使高原容易风化，造就了地形复杂的东非高原。

东非大裂谷将肯尼亚境内的东非高原分成东西两侧，图为东侧的肯尼亚山，是非洲第二高峰，海拔约5,200米。（图片提供/维基百科，摄影/John Spooner）

极地的南极高原

南极大陆是地球上最高的大陆，平均海拔超过2,000米，属于高原地形。95%的面积被冰雪覆盖，因此有"白色大陆"之称。如果把覆盖在南极高原上的冰雪剥离，陆地高度大约只剩下400多米。由于纬度高，斜射的阳光热量有限，冰雪又容易反射，只有不到20%的阳光能到达地面，再加上地势高，因而使得南极高原成为世界上最寒冷的地区，年均温只有-25℃，比北极低了20℃，因后者有北冰洋，温度较南极大陆稳定。高原上只有科学家为研究而驻守，没有其他人类定居。

南极圈威德海一块从南极大陆冰原分离的冰山，蓝色显示这是原本在冰原深处、历史久远的冰，上面散布着阿得利企鹅。（图片提供/维基百科，摄影/Hannes Grobe）

石灰岩地形

除了气候，高原的地质也给予高原不同的风貌，例如石灰岩地形。石灰岩地形又称"喀斯特地形"，最早用来描述地中海巴尔干半岛的喀斯特高原，后来泛指所有的类似地形。石灰岩地形是雨水与碳酸盐类的石灰岩接触后，慢慢将石灰岩溶解侵蚀形成的地形，常见如钟乳石、石笋、峰林等。在高温多雨、石灰岩节理发达的环境容易形成石灰岩地形，如美国佛罗里达州、法国科斯、墨西哥犹加敦半岛等地。石灰岩地形虽造成奇特的景观，但由于地表崎岖、土壤贫瘠，不利农业发展，在云贵高原的贵州有俗谚"地无三里平，天无三日晴，人无三两银"。

马来西亚的古农姆鲁国家公园以雨林和石灰岩地形闻名，图中为石林。（图片提供/达志影像）

高地气候

（被落日余光照亮的珠穆朗玛峰，图片提供/维基百科，摄影/Trialsanderrors）

海拔高度每上升100米，温度即降低0.6℃，因此气候会随高度变化而改变，使山地与高原的气候状况和同纬度的平地大不相同。例如热带地区的高地比平地凉爽，因此人口多半聚集在山间盆地。

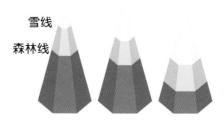

| 赤道
肯尼亚山 | 北纬30度
喜马拉雅山 | 北纬45度
阿尔卑斯山 | 北纬70度
北极圈 |

雪线和森林线的高度不是固定的，会随纬度升高而降低，因纬度愈高平均气温愈低。（绘图/施佳芬）

高地气温

气温随海拔上升而下降的现象，在热带高地尤其显著，气候带由低至高为热带、暖温带、温带、寒带；温带高地仅有温带和寒带，年温差较大。气候带的高度不固定，随着纬度而改变。积雪与消融量相等的界线——雪线，也随着纬度增加而降低高度，雪线以上称为寒原，气候近似极地。坡面方向也会影响微气候，例如向阳坡的雪线高于背阳坡，因为前者比较温暖；迎风坡会使气流抬升形成地形云而降水，移动到背风坡后便干燥少雨，甚至出现焚风；山谷底部在冬季常有逆温现象，这是因为冷空气较重，聚集在谷底，使气温反而比高处低，因此怕霜作物会种在向阳山坡，以避免逆温造成的寒害。

迎风面　　　　　　　　背风面

山脉的迎风面使气流上升而降水，背风面因此较缺乏水汽，气候较干燥。例如南美洲安第斯山脉的南段，临海的西侧是温带海洋气候，东侧则是温带干旱、半干旱气候。（绘图/陈正堃）

温带和寒带气候四季分明。图为阿巴拉契亚山脉的洛安山上，春天与秋天的景色大不相同。（图片提供/GFDL，摄影/Dacoshi）

高地日照和气压

高地气温低而空气稀薄，水汽、尘埃少，阳光特别强，例如夏至时青藏高原的日照量比邻近的印度低地多了1.5倍，使西藏拉萨有"日光城"的封号。高山的地面吸热强，使日间土壤温度高，有利植物生长。地表的日夜温差促进岩石的风化作用，对土壤形成有很大的影响。

气压也是随高度增加而递减，海拔6,000米处的气压为海平面的一半。由于气压低、空气稀薄，常使登山旅游者罹患高山病，因此登山不宜急躁，行进时应配合呼吸，视坡度而调整脚步，逐渐增加上升的高度，以适应高地的环境。高地因缺乏阻碍物，地面摩擦力小，风力较谷地强。

左：山区易因地形差异而有局部气候变化，时阴时晴，甚至下大雨或气温降低。图为阿尔卑斯山区。（图片提供/GFDL，摄影/Alex1011）

右：云海是层积云或积云等低层云的顶部，在比云层高的高山上常可看到。图为加拿大三姐妹山区的积雪和云海。（图片提供/维基百科，摄影/John Johnson）

登山煮食的小法宝

高山上的气压低，水不到100℃便沸腾，因此食物不易煮熟。为了在这样不利的条件下能顺利备餐，更需要火力充足的炉具。登山客最常使用的是"汽化炉"，使用时不受海拔高度和气温限制，火力强大，而且燃料较瓦斯便宜。这是将煤油、汽油等燃料，经加压、汽化后喷出油气燃烧，以阀门控制火力的大小，虽然火力不能与家用瓦斯炉相比，但方便又轻巧。汽化炉的操作比较麻烦，必须经过加压、预热等程序，实地使用前必须练习操作。

在法国的阿尔卑斯山脉里，登山客正以轻便的登山炉具炊煮。（图片提供/达志影像）

高山生态

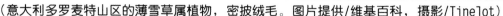
（意大利多罗麦特山区的薄雪草属植物，密披绒毛。图片提供/维基百科，摄影/Tinelot）

高山气候因高度改变而不同，使高山生态也随海拔高度而变化，一座山就可呈现各气候区的植物，而居住在森林线以上的动物，也具有寒原动物的特征。

山中四季

高山植被随海拔呈垂直变化，热带高山甚至有高纬度寒带的林相，成为全球植物相的缩影。

森林线以上的高地树木无法生长，只有低矮的植物，称为高山寒原，更高处则只有苔藓和地衣，甚至没有植物生长。图为秘鲁可卡峡谷，似苔藓的植物称为亚雷塔，可用来当燃料。（图片提供/达志影像）

意大利西北部奥斯塔附近的航拍图。可看到明显的雪线，以及雪线、森林线间缺少树木的植被。（图片提供/GFDL，摄影/Idefix）

例如位于热带的安第斯山，平地到海拔600—900米为热带雨林，温暖而降水充沛，植物生长茂密，树木可高达40米；往上到海拔1,800—2,000米是暖温带阔叶林，气候温和，因此开垦普遍，有咖啡、玉米、稻米等农作物；接着是针阔叶混合林、海拔3,000—3,500米的寒带针叶林，后者冬季气候寒冷、年温差大，以常绿的裸子植物松、柏、杉等为主。海拔3,500米是森林生长的上限，称为森林线，以上只有草本植物与灌木生长；在永久雪线（4,300—4,600米）以上为永冻层，土壤不易保留水分，因此植物叶片覆有厚蜡质或绒毛以防止水分散失。

高山的特殊动物

森林线以上的生活环境严酷，能

适应严寒、强风、干旱的动物才能生存，加上食物资源稀少、地形险峻，因此动物种类较少。在严寒的冰川中有冰虫、冰蚤栖息；喜马拉雅雪鸡在海拔3,600—5,100米处生活，清晨往下飞，然后边飞往高处边觅食；雷鸟生活在高山顶端的冻原，有雪白的冬羽，并能以雪堆为窝；北美的岩羊能在山壁间行走自如，都是适应高山环境的能手。

雪豹别号"高山之霸"，活动于亚洲高地的森林线及永久雪线之间，是世界高山动物区系的象征，毛皮柔软而厚，尤其底层的密绒毛保温力强，让雪豹在气温-20℃时仍能活动，粗长的尾巴便于

图为分布在北美洲育空、落基山北部地区的岩羊，与羚羊的血缘比和山羊近。蓬松的粗毛下有厚软的绒毛保暖，攀登能力佳。（图片提供/达志影像）

在崎岖的山地维持平衡。高地动物多会随季节变化移动或冬眠，例如盘羊夏季时在雪线以下活动，冬季迁移至较低的谷地过冬。

小熊维尼的魔法森林

英国伦敦东南方有个哈特菲镇，当地充满森林和田园气息，英国作家米尔恩(1882—1956)便是以儿子的玩具熊为主角，在此写出《小熊维尼》一连串的故事。这里已成为全世界小熊维尼迷的朝圣地，只要到山上魔法森林的森林小径走走，就能感受到故事的情节和场景。在考奇特福农场可以看到名叫北极的地方，遥远的高处有苍翠的松树林，从农场走到魔法森林的途中，可看见维尼投棒桥，往上走到视野辽阔的吉尔斯洼地，是一片开满金雀花的荒野。故事中的百亩森林名字来自五百亩森林，经过飓风的侵袭，只剩下树木稀疏的茶褐色山丘，山坡上有些意指"山丘"的石楠属植物。哈特菲镇丰富的山林生态景观，提供作者灵感，写出小熊维尼故事的场景。

雪豹的活动高度随季节而变化。由于栖息山区的开发，已经濒临绝种。（图片提供/GFDL，摄影/Bernard Landgraf）

哈特菲镇附近的阿士当森林，是米尔恩写作小熊维尼故事的场景之一。（图片提供/GFDL，摄影/BillPP）

登山活动

（在挪威山区举行的定向越野赛，图片提供/维基百科，摄影/Sondrekv）

高山气候瞬息万变，气压比平地低，有时还有深谷、陡坡、断崖、滑石坡等难以通过的地形，但正是高山的美丽与难以接近，吸引人们克服这些困难，一探高山究竟。

现代登山的起源

至少在5,300年前就有人在阿尔卑斯山区活动了。阿尔卑斯山从斯洛文尼亚向西延伸到法国，是欧洲最早开始发展登山运动的地区，最高峰勃朗峰海拔4,808米，又称"欧洲屋脊"。1760年日内瓦科学家索绪尔悬赏登勃朗峰的登山路线；1786年法国人帕卡德和意大利人巴尔马特成功登顶，次年索绪尔自己也登顶，这3人被推崇为登山活动的创始人。从此登山活动以阿尔卑斯山为中心，开始普及与发展。除了勃朗峰，阿尔卑斯

图为法国阿尔卑斯山区的密地峰，登山客正离开峰顶准备下山。从事登山活动必须时时注意安全，成功登顶后更要小心，才能平安返家。（图片提供/GFDL，摄影/Benh LIEU SONG）

有些特殊技能要先学习并训练，才能在登山时实地运用。图中正在进行攀岩的训练。（图片提供/维基百科，摄影/Jonathan Fox）

山脉还有不少名山，仅瑞士就有欧洲最高火车站所在的少女峰、以其北面难攀闻名的艾格尔峰、山形奇特的马特洪峰等。

登山者的极限之旅

19世纪末登山活动开始发展到欧洲以外的地区，各国登山客都将目标转向亚洲的喜马拉雅山，

其高度与种种困难令许多早期的冒险者付出惨痛代价，仅1932—1939年就有32名登山者丧生。20世纪中叶，多支小型队伍远征尼泊尔高山，并开通往珠穆朗玛峰的路线，1953年人类终于登上世界最高峰珠穆朗玛峰。1954年夏天意大利登山队登上地球第二高峰K2峰。K2较珠穆朗玛峰低237米，难度却更高，有每4人登顶便有1名登山者死亡的记录。攀登喜马拉雅山脉的考验，包括空气稀薄、寒冷、疲惫、冻伤、雪盲，以及冰雪侵袭、冰川裂隙、冰壁等，尽管现在已发展出固定的远征方式，在数个大本营停留、以逐步升高来适应气压，并由雪巴人支

有不少雪巴人在喜马拉雅山区担任向导以养家，也常创下登珠穆朗玛峰的纪录。右边的雪巴在2007年春天已登顶16次，左边的杰鲁是最快登顶的纪录保持人之一。（图片提供/欧新社）

援与背负装备，但攀登8,000米以上的高峰仍然非常艰难与危险，必须计划周详和评估身体状况，谨慎进行，才有机会完成高山极限挑战的壮举。

阿尔卑斯式攀登

　　阿尔卑斯式攀登起源于18世纪的阿尔卑斯山区，随后成为世界性的活动。这是个人或两三人的小队，携带轻便装备，快速行进、直接登顶，若不能登顶就折返，途中不靠他人支援或补给，也不以架设固定绳索、反复升降来适应高度。轻装行动的优点是可以快速通过危险地形，也缩短登山天数，因此更需要详细计划行程及携带物品，必须有充足的经验与训练。有些登山者在喜马拉雅山尝试阿尔卑斯式攀登，但成功队伍不多，因为除了高度的适应问题，多变的天候也是重要因素，在轻装的条件下，往往行程还没走完就因天候而折返。以阿尔卑斯式攀登法登喜马拉雅山的危险性高，是一种极限的挑战。

登山活动兴盛的地区，多会成立救援组织。图为德国黑森林山区的弗莱堡救援队，正在进行以绳索运送病患的训练。（图片提供/维基百科，摄影/Rene M. Kieselmann）

正在法国山区攀爬冰瀑的冰攀者。20世纪初法国人将冰攀的艺术发扬光大，20世纪30年代混合攀登（冰川和岩壁混合地形）开始发展，都是在阿尔卑斯山脉发展和演练的。（图片提供/维基百科，摄影/Bernhard）

（山区谷地的菜园）

山地资源的利用

山地变化万千的环境孕育无数种类的动植物，而山岳冰川和积雪可提供水资源，森林能净化空气、涵养水源，强烈的日照与强劲的风力足以发电，还有优美的风景让人放松心情、陶冶性情，山地供给人类许多有形与无形的资源。

山地农业与畜牧业

山地的气候和地形不似平原，因此农业也极具特色。在人口密度低、植物密度高的山地，因开垦不便而发展"火耕"，人们在森林内围出范围、设置防火墙，将范围内的植物烧掉，留下灰烬供农作物生长，等土地地力耗竭后，再另寻土地烧垦耕作。另外还有顺应山坡开辟的"梯田"，使可耕地有最大限

左下：巴西咖啡的生产量大，占全球产量的三成。图为巴西圣林城州内，山坡上紧邻雨林的咖啡园。（图片提供/达志影像）右下：瑞士和奥地利境内大部分是山地，可以说是阿尔卑斯型国家。图为瑞士山区放养的山羊。（图片提供/达志影像）

高山国家玻利维亚

玻利维亚是南美洲中部的内陆国，地势东高西低，有南美帕米尔之称，西部为安第斯山区，山间高原因气候凉爽成为最早开发的地区，实质首都拉巴斯海拔高度3,800米，首都苏克雷也近3,000米。玻利维亚的自然资源丰富，有南美洲第二大的天然气田与铁、锡、金等矿产，但生产成本高加上山区交通不便，仍是南美洲最贫穷的国家之一，而有"坐在金矿上的驴"之称。玻利维亚人口一半以上是印第安人，长居高原上，是纺织高手，早在公元前就以羊驼毛、骆马毛织布，以抵御山区的严寒。

拉巴斯位于安第斯山的阿尔蒂普拉诺高原，都市规模已经从峡谷扩展到高原边缘。（图片提供/达志影像）

马丘比丘位于秘鲁的安第斯山区，海拔近3,400米，是古印加帝国的宗教活动遗址，可怀想当时高山给人的感动和信仰。（图片提供/达志影像）

度的面积，在亚洲、南美洲、地中海等山地都可以看到。

种在山地的蔬菜就是"高冷蔬菜"，由于山区气温较平地低，蔬菜生长得慢，加上植物为抗冻在细胞内累积糖分，口感清脆香甜。高山茶也因低温及云雾缭绕，茶叶滋味甘醇、香气浓郁。另外，最著名的牙买加蓝山咖啡，也是种植在山地。

由于山谷往往被辟为村落或农田，没有放牧的空间，因此畜牧业者发展出"山牧季移"，随着季节变化驱赶牲畜。春夏时山地气候温暖、牧草茂密，牲畜可以在山区活动觅食；秋天则被赶下山，在低地牧场过冬，隔年春天再上山。在地中海一带的亚平宁山脉、比利牛斯山脉等，仍可看到山牧季移。

山地林业与矿产

只要气候条件许可，森林也能生长在山巅，森林能维护生态环境的稳定和生物多样性，林业资源便包括森林及相关的野生动植物。林业的主要经济效益，是以木材作为纸浆、家具等原料。针叶树林相较阔叶树疏松，较容易砍伐运送，而且木材致密，经济价值较高，是林业经营的主要项目。目前主要木材出口国是加拿大、北欧与东南亚国家。近来林业经营不再以经济利益为唯一目标，永续林业成为世界性的风潮。

地壳的岩石中含有各式各样的矿物，有的具经济价值，并聚集成值得开采的矿床，脉状的矿床称为矿脉。山地常有矿床分布，以安第斯山为例，由于火山活动旺盛，生成丰富的金属矿，有世界最大的地下铜矿采矿场，还有金、银、锡等金属矿产，以及大理石、石墨等非金属矿产。

巴基斯坦北部冰川附近的居民，夏初时会敲下冰川的冰，卖给冷藏库经销商。（图片提供/达志影像）

山地开发与保护

（埃及尼罗河上游的阿斯旺水坝，图片提供/NASA）

山地的资源丰富，从前因交通和技术的限制，人类的利用有限。如今人们借先进的机械与技术，在山地进行各种开发，却也造成严重的环境问题。因此开发与保护如何取得平衡，成了刻不容缓的课题。

 ## 工程建设

各种工程建设虽然让人类更便于利用山地资源，但山区的生态环境十分敏感，很容易发生问题。山区工程以水库与隧道为大宗，例如埃及尼罗河上游的阿斯旺水坝，是世界第七大水库，能蓄水以防止水灾和旱灾，还能发电、养鱼；但阿斯旺水坝也造成不少环境问题，由于泥沙被拦截在水库中，不仅缩短水库寿命，也减少下游农田土壤的来源，使得侵蚀情况加剧，农民还必须以人造肥料取代尼罗河泛滥的沃土。

乌克兰的地形以平原为主，但西部边界也有山脉。图为2004年反对党候选人尤先科，带头清理最高峰戈维尔拉山的垃圾。（图片提供/达志影像）

 ## 超限利用

泥石流本是自然现象，主要发生在特定区域，但人类为了林业、农业、交通运输等经济利益，连不稳定的山坡地也开发，忽略水土保持，使原有稳固植被的地区变得不稳定。只顾眼前利益的做法，造成山区环境与生态长久而难以复原的破坏，除了泥石流的发生面积和频率都大为增加，也造成桥梁道路的毁损、山

瑞士的阿尔卑斯山区有丰沛的雨量、宽阔的U形谷，加上高度的落差，适合发展水力发电，设有40多个水库与百余座大型水力发电厂。图为瑞士中部的库尔涅拉水库，上游有明显的U形谷。（图片提供/达志影像）

日本静冈县砍伐日本扁柏的情形。不论是砍伐天然林改植人造林，或是砍伐人造林，都会给山区环境和生态带来冲击。（图片提供/达志影像）

区居民生命财产的损失，以及缩短水库使用的年限，并使水质恶劣无法供饮用。

 ## 爱山行动

山地的地势高，容易受侵蚀和风化等外营力的影响，环境本来就比较敏感，能承受开发冲击的地区不多，原本地质稳定的地点，也可能因植被破坏而变得不稳定。保护山地除了宣传观念，也要付诸行动，例如详细调查地质与地形、建立资料库，推广"水土保持"，限制山坡地开发，如农耕、伐木、道路与房舍兴建等，控制放牧数量、避免超过土地负荷量等。过去曾以工程设施来防治灾害，改变地形或制止土沙运动，

后来发现过度倚赖工程设施，可能会导致更严重的损失，因此现今多以减少环境干扰的预防措施为主。

2008年绿色和平组织在阿根廷冰川国家公园拍摄的照片，以引起公众对气候变迁的关注。左面是维德马冰川过去的样子。（图片提供/欧新社）

高原上的青藏铁路

中国的"青藏铁路"耗时20多年才全线开通，有几项世界之最的纪录：一是路线最长的高原铁路，从青海省西宁市到西藏自治区首府拉萨市，全长1,956千米；二为海拔最高的铁路，最高点是海拔5,072米的唐古拉山口；三有世上最长的高原冻土隧道"昆仑山隧道"，全长1,686米。修建这样一条世界一流的高原铁路，不仅是对我国综合实力和科技实力的检验，也是对人类自身极限的挑战。

青藏铁路建成通车，对于青藏两省区加快社会发展、改善各族群众生活，对于增进民族团结和巩固祖国边防，均具有十分重大的意义。

青藏铁路沿途可看到青海和青藏高原风景。（图片提供/维基百科，摄影/owltoucan）

英语关键词

高地 highland	风化作用 weathering
高原 plateau	差别侵蚀；差异侵蚀 differential erosion
山；山地 mountain	烙铁峰 flatiron
山脉 mountain range	单面山 cuesta
山群；山汇 mountain group	块体运动 mass movement
山系 mountain system	泥流 mudflow
地盾 shield	山崩 landslide
珠穆朗玛峰 Chomolungma / Mount Everest	溶蚀地形；喀斯特地形 karst topography
等高线 contour line	坡 slope
内营力 hypogene process / endogenic process	凹坡 concave slope
造山运动 orogeny	凸坡 convex slope
褶皱山脉 fold mountains	山脊 ridge
断块山脉 fault-block mountains	山谷 valley
断层 fault	分水岭 divide
外营力 epigene process / exogenic process	火山 volcano
	岩浆 magma

熔岩　lava

火山口　crater

后火山作用　post-volcanic action

地热　geotherm

泥火山　mud volcano

冰川　glacier

大陆冰川　continental glacier

山岳冰川　mountain glacier

山谷冰川　valley glacier

冰斗　(glacial) cirque

U形谷；冰川槽　U-shaped valley / glacier trough

擦痕　striation

冰缘　periglacial

图案地　patterned ground

高地气候　highland climate

雪线　snowline

迎风坡　windward side

背风坡　leeward side

地面逆温　ground inversion / surface inversion

高山病　mountain sickness

生态　ecology

高山植物　alpine plants

森林线　forest line / tree line

永冻层；永冻土　permafrost

冰虫　ice worm

登山运动　mountaineering / mountain climbing

阿尔卑斯式攀登　alpine climbing

资源　resources

梯田　terrace

迁移性放牧；山牧季移　transhumance

矿床　deposit

新视野学习单

1 关于山地的叙述，对的请打○，错的请打×。

（　）山地和高原都属于高地，地形学上的定义为高于海拔500米。

（　）高山、深谷和陡坡，大多出现在山的衰老期。

（　）区隔不同水系的山脊称为分水岭。

（　）缓坡是指坡度30°以下，陡坡是指坡度55°以上。

（答案在06—07，14—15页）

2 山的形成过程受到内营力和外营力影响，请填入适当的字：火山、造山、温泉、块体、河流。

1.＿＿运动主要是指地壳受到强烈的推挤而隆起形成山脉。

2.当地球内部的岩浆沿着裂隙穿出地壳，就是＿＿作用。

3.形塑山貌最常见而明显的力量是来自＿＿。

4.＿＿运动会造成山崩、土石缓滑、潜移等现象。

5.＿＿、硫气孔属于后火山作用。

（答案在08—11，16—17页）

3 连连看。将下列山的形成原因、种类和例子连起来。

日本富士山　·　　　·断块山·　　　·岩层受挤压而变形成波浪状弯曲

北美阿巴拉契亚山脉·　　　·褶皱山·　　　·断层作用

中国天山山脉·　　　·火　山·　　　·火山作用

（答案在12—13页）

4 下列哪个选项和山岳冰川地形"无关"？（单选）

1.加拿大的哥伦比亚冰原

2.冰斗冰川

3.U形谷

4.角峰

（答案在18—19页）

5 关于高山的冰蚀作用，哪些说明是正确的?（多选）

1.由于坡度陡，山岳冰川的移动速度很快。

2.冰川会在其底部和两侧岩壁形成擦痕，是重要的冰川遗迹证据。

3.冰蚀作用包括拔蚀、磨蚀和冰楔作用。

4.冰雪的冻融作用，大多发生在冰川外缘，并形成图案地。

（答案在18—19页）

6 关于高原的叙述，对的请打○，错的请打×。

（　）高原的表面都十分平坦。

（　）山间高原是四周有山脉环绕的高原，例如帕米尔高原。

（　）有的高原是火山活动形成的，例如印度的德干高原。

（　）南极洲的地形主要是高原。

（答案在06—07，20—23页）

7 关于高地气候的叙述，对的请打○，错的请打×。

（　）山谷的逆温现象发生在炎热的季节。

（　）热带地区的高地比平原凉爽，因此人口多半聚集在山间盆地。

（　）高山病是因高地的气压低、空气稀薄而引起。

（　）山地容易下雨的坡面是背风坡。

（答案在24—25页）

8 排排看。热带的高山会呈现各种纬度的植物生态，请将下列生态依分布高度的顺序排列，最低的写1，最高的写4。

（　）暖温带阔叶林

（　）寒带针叶林

（　）森林线以上的草本植物

（　）热带雨林

（答案在26—27页）

9 关于人和动物在高山的活动，哪些叙述是正确的? （多选）

1. 阿尔卑斯山是现代登山活动的起源地。

2. 攀登喜马拉雅山时大多会设大本营，以逐步升高来适应气压。

3. 森林线以上的动物，只要克服严寒就能生存。

4. 高山动物一年四季都在山顶活动。

（答案在27—29页）

10 关于山地资源的利用与开发，哪一项叙述是正确的? （单选）

（　）水库可以蓄水、发电，应该尽量建设。

（　）山地的蔬菜长得比较快，因此清脆香甜。

（　）山地资源贫乏，尤其缺少矿产。

（　）永续林业是世界性的风潮。

（答案在30—33页）

■□ 我想知道……

开始！

这里有30个有意思的问题，请你沿着格子前进，找出答案，你将会有意想不到的惊喜哦！

什么是造山运动？ P.08

非洲最高峰是哪座火山？ P.08

欧洲的斯山脉些国家

泥火山和火山有关系吗？ P.17

冰川可分成哪几种类型？ P.18

山岳冰川会将V形山谷侵蚀成什么形状？ P.19

太棒得美牌。

为什么有些火山口内会有穹丘？ P.17

欧洲最高火车站在哪座山？ P.28

高冷蔬菜为什么好吃？ P.31

海拔最高的铁路是哪一条？ P.33

玄武岩岩浆有什么特性？ P.16

冰川里有哪些生物栖息？ P.27

永冻层的土壤有什么特性？ P.26

颁发洲金

太厉害了，非洲金牌也是你的！

火山喷发的方式有哪几种？ P.16

火山的英文volcano，原是指哪位神祇？ P.16

坡度几度以上称为陡坡？ P.14

美国的地国家什么地

阿尔卑经过哪？

P.08

欧洲最高的活火山是哪一座？

P.09

后火山活动有哪些现象？

P.09

不错哦，你已前进5格。送你一块亚洲金牌！

了，赢洲金

地球上最高的大陆是哪里？

P.23

石灰岩地形为何又称为喀斯特地形？

P.23

世界最高的咸水湖纳木措湖在哪个高原？

P.09

什么是第三极？

P.09

太好了！
你是不是觉得：
Open a Book！
Open the World！

热带地区的人口为什么聚集在山间盆地？

P.24

什么是单面山？

P.10

大洋牌。

云海是哪些云的顶部？

P.25

向阳坡的雪线为什么比背阳坡高？

P.24

发生块体运动的主因是什么？

P.11

优胜美公园以形著称？

P.14

如何计算平均坡度？

P.14

获得欧洲金牌一枚，请继续加油！

北美洲最年轻的火山是哪一座？

P.13

图书在版编目（CIP）数据

山地与高原：大字版 / 吴青燕撰文．—北京：中国盲文出版社，2014.5

（新视野学习百科；08）

ISBN 978-7-5002-5038-8

Ⅰ．①山… Ⅱ．①吴… Ⅲ．①山地—青少年读物 ②高原—青少年读物 Ⅳ．① P941.7-49

中国版本图书馆 CIP 数据核字 (2014) 第 064841 号

原出版者：暢談國際文化事業股份有限公司
著作权合同登记号 图字：01-2014-2132 号

山地与高原

撰　　文：吴青燕
审　　订：王　鑫
责任编辑：杨　阳
出版发行：中国盲文出版社
社　　址：北京市西城区太平街甲 6 号
邮政编码：100050
印　　刷：北京盛通印刷股份有限公司
经　　销：新华书店
开　　本：889×1194　1/16
字　　数：33 千字
印　　张：2.5
版　　次：2014 年 12 月第 1 版　2014 年 12 月第 1 次印刷
书　　号：ISBN 978-7-5002-5038-8 / P · 30
定　　价：16.00 元
销售热线：（010）83190288　83190292

绿色印刷　保护环境　爱护健康

亲爱的读者朋友：

　　本书已入选"北京市绿色印刷工程—优秀出版物绿色印刷示范项目"。它采用绿色印刷标准印制，在封底印有"绿色印刷产品"标志。

　　按照国家环境标准 (HJ2503-2011)《环境标志产品技术要求 印刷 第一部分：平版印刷》，本书选用环保型纸张、油墨、胶水等原辅材料，生产过程注重节能减排，印刷产品符合人体健康要求。

　　选择绿色印刷图书，畅享环保健康阅读！

北京市绿色印刷工程